Malini Thangavelu

SISTEMA AVANÇADO DE DETECÇÃO E ALERTA DE ACIDENTES VASCULARES CEREBRAIS ATRAVÉS DE APRENDIZAGEM AUTOMÁTICA

AF376970

Malini Thangavelu

SISTEMA AVANÇADO DE DETECÇÃO E ALERTA DE ACIDENTES VASCULARES CEREBRAIS ATRAVÉS DE APRENDIZAGEM AUTOMÁTICA

ScienciaScripts

Imprint
Any brand names and product names mentioned in this book are subject to trademark, brand or patent protection and are trademarks or registered trademarks of their respective holders. The use of brand names, product names, common names, trade names, product descriptions etc. even without a particular marking in this work is in no way to be construed to mean that such names may be regarded as unrestricted in respect of trademark and brand protection legislation and could thus be used by anyone.

Cover image: www.ingimage.com

This book is a translation from the original published under ISBN 978-620-7-46270-4.

Publisher:
Sciencia Scripts
is a trademark of
Dodo Books Indian Ocean Ltd. and OmniScriptum S.R.L publishing group

120 High Road, East Finchley, London, N2 9ED, United Kingdom
Str. Armeneasca 28/1, office 1, Chisinau MD-2012, Republic of Moldova, Europe
Printed at: see last page
ISBN: 978-620-7-73194-7

ÍNDICE DE CONTEÚDOS

RESUMO

O AVC tem um impacto socioeconómico significativo no mundo. Os acidentes vasculares cerebrais isquémicos surgem quando um coágulo de sangue (também conhecido por "trombos") ou uma placa de gordura (constituída por resíduos de gordura, colesterol e partículas de resíduos) bloqueia o fornecimento de sangue a uma parte do cérebro, matando os neurónios dessa área (células cerebrais). A maioria dos doentes com AVC sobrevive à primeira doença, mas as implicações a longo prazo para os indivíduos têm geralmente o maior impacto na sua saúde e podem também levar a um maior número de mortes. Por isso, a deteção prévia do AVC é necessária para prevenir a doença. Foi apresentado um sistema de previsão de AVC baseado na nuvem para identificar o AVC utilizando uma abordagem de aprendizagem automática, a fim de o diagnosticar numa fase precoce. A intenção do projeto é utilizar o algoritmo da rede neural de convolução (CNN) para conceber um sistema automatizado de divulgação precoce do AVC isquémico. O principal objetivo da utilização da CNN é detetar com precisão um AVC e alertar o médico ou a carreira o mais rapidamente possível.

LISTA DE ABREVIATURAS

ABREVIATURAS   **EXPANSÕES**

ABREVIATURAS	EXPANSÕES
CNN	Rede neural de convolução
LCD	Ecrã de cristais líquidos
USB	Barramento de série universal
BPM	Batimento por minuto
IOT	Internet das coisas
ML	Aprendizagem automática
LCD	Díodo emissor de luz
VCC	Tensão Coletor comum
GND	Solo
RST	Reiniciar

CAPÍTULO 1

INTRODUÇÃO

1.1 INTRODUÇÃO

O acidente vascular cerebral (AVC) tornou-se um importante problema de saúde nos últimos anos. O AVC é uma doença neurológica causada por isquemia ou hemorragia das artérias cerebrais. É também conhecido como acidente vascular cerebral. Geralmente resulta numa variedade de problemas físicos e cognitivos que dificultam o funcionamento. O AVC afecta anualmente cerca de 16 milhões de pessoas em todo o mundo e está associado a despesas sociais substanciais. Nos últimos anos, a aprendizagem automática (ML) tem aumentado e evoluído rapidamente numa série de aplicações no domínio dos cuidados de saúde. A figura 1.1.1 apresenta as estimativas mais recentes em matéria de saúde mundial, por causa, de 2000 a 2016. De acordo com uma análise do National Health Interview Survey, o conhecimento dos sintomas e indicadores de AVC entre os indivíduos nos Estados Unidos melhorou de 2009 a 2014. Em 2014, 68,3 por cento dos inquiridos eram capazes de detetar cinco sintomas típicos de AVC e 66,2 por cento conheciam todos os cinco sintomas de AVC. Devido à sua elevada taxa de mortalidade, a American Heart Association considera o AVC como um problema de saúde grave. Além disso, o custo da hospitalização por AVC está a aumentar, exigindo o desenvolvimento de tecnologias avançadas que possam ajudar no diagnóstico clínico, tratamento, previsão de eventos clínicos, recomendação de intervenções terapêuticas promissoras e programas de reabilitação, entre outras coisas.

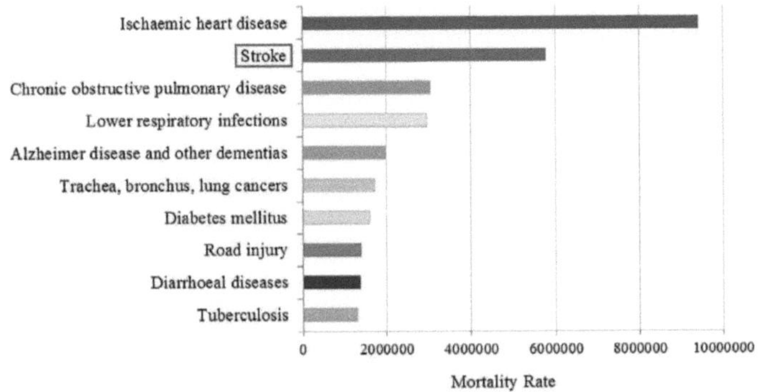

Fig: 1.1 Classifica a mortalidade estimada por causas, registada em 2016.

O diagnóstico precoce de um acidente vascular cerebral é fundamental para um tratamento eficaz e a aprendizagem automática pode ajudar neste processo. A aprendizagem automática (AM) é a tecnologia mais avançada que pode ajudar os profissionais de saúde a fazer juízos clínicos e previsões para o efeito. Nas últimas décadas, foram realizados vários estudos para aumentar a precisão e a velocidade do diagnóstico de AVC utilizando a AM. Com isso em mente, o presente estudo categoriza algumas dessas pesquisas com base em sua similaridade, avalia cada categorização metodologicamente e fornece informações úteis sobre o uso de tecnologias baseadas em aprendizado de máquina no tratamento de derrame cerebral. Tanto quanto é do nosso conhecimento, não existe uma avaliação exaustiva da utilização da aprendizagem automática n o   tratamento do acidente vascular cerebral.

1.2 VISÃO GERAL DO AVC

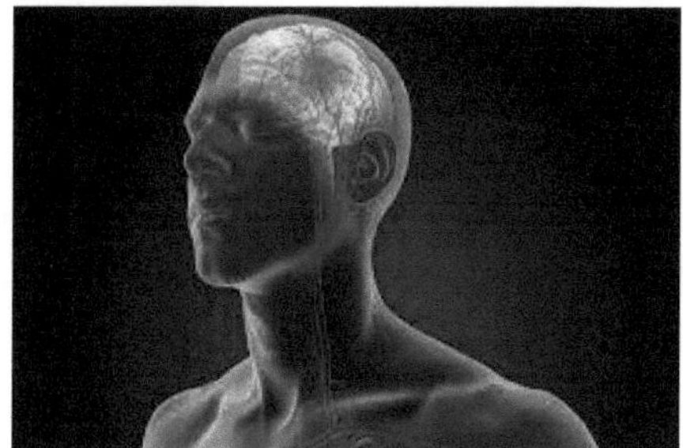

Fig:1.2 AVC do cérebro

O acidente vascular cerebral (AVC) é uma doença prevalente que, durante muitos anos, pode influenciar o doente e a sua família. É uma das principais causas mundiais de incapacidade nos adultos. Os países em desenvolvimento enfrentam este tipo de doença não transmissível. Por esta razão, saber o que é o AVC é um primeiro passo essencial. Um AVC é um "ataque cerebral". Pode ocorrer em qualquer altura e pode afetar qualquer pessoa. Ocorre quando o sangue flui para uma área cortada do cérebro. Quando isto acontece, as células cerebrais morrem devido à falta de oxigénio. A memória e o controlo muscular são algumas das capacidades reguladas pela região do cérebro que se perdem quando as células cerebrais morrem. Os sinais comuns de AVC são fraqueza ou dormência da face, braço e perna de um lado do corpo. A pessoa tem dificuldade em falar e tem dificuldade em ver num ou em ambos os olhos. O doente pode também sentir tonturas súbitas e graves, perda de equilíbrio e dores de cabeça fortes. Para além disso, por último, a sonolência aumenta com possível perda de consciência e confusão.

1.3 ESTATÍSTICAS MUNDIAIS

• De acordo com a Organização Mundial de Saúde, todos os anos, 15 milhões de pessoas sofrem um AVC em todo o mundo. Destas, 5 milhões morrem e outras 5 milhões ficam permanentemente incapacitadas.

• A tensão arterial elevada contribui para mais de 12,7 milhões de acidentes vasculares cerebrais em todo o mundo.

• A Europa regista, em média, cerca de 650 000 mortes por AVC por ano.

• Nos países desenvolvidos, a incidência de AVC está a diminuir, em grande parte devido aos esforços para baixar a tensão arterial e reduzir o tabagismo. No entanto, a taxa global de AVC mantém-se elevada devido ao envelhecimento da população.

1.4 ESTUDO DE FUNDO

O acidente vascular cerebral (AVC) tem sido uma grande preocupação no domínio da ciência médica ao longo da última década. Nesta secção, são abordados alguns estudos de base sobre o acidente vascular cerebral e a tomografia computorizada. Acidente vascular cerebral: Tal como o coração, o nosso cérebro depende de um forte fornecimento de sangue para funcionar corretamente e sobreviver. Um derrame cerebral é um ataque cerebral que ocorre quando as artérias que fornecem sangue ao cérebro ficam obstruídas ou bloqueadas. De acordo com a patologia, o derrame cerebral pode ser dividido em duas categorias:

a.	**AVC isquémico** - Este tipo de AVC ocorre quando uma artéria que fornece sangue rico em oxigénio ao cérebro fica obstruída. As bolhas de sangue causam frequentemente os bloqueios que levam a este tipo de AVC. 3 Os dois tipos de AVC isquémico são o trombótico e o embólico. Num AVC trombótico, forma-se um coágulo de sangue (trombo) numa artéria que fornece sangue ao cérebro. Num AVC embólico, um coágulo de sangue ou outra substância (como a placa, um material gordo) viaja através da corrente sanguínea até uma artéria do cérebro. Em ambos os tipos de AVC isquémico, o coágulo sanguíneo ou a placa bloqueiam o fluxo de sangue rico em oxigénio para uma parte do cérebro.

b.	**Acidente vascular cerebral hemorrágico** - Este tipo de acidente vascular cerebral ocorre quando uma artéria do cérebro extravasa sangue ou se rompe (abre). A força do sangue que escorre prejudica as células cerebrais. 4 Os dois tipos de AVC hemorrágico são o intra-cerebral e o subaracnoide. Numa hemorragia intra-cerebral, um vaso sanguíneo no interior do cérebro perde sangue ou rompe-se. Numa hemorragia subaracnóidea, um vaso sanguíneo na superfície do cérebro vaza sangue ou rompe-se. Quando isto acontece, a hemorragia ocorre entre as camadas interna e média das membranas que cobrem o cérebro. Em ambos os tipos de AVC hemorrágico, a fuga de sangue provoca inchaço do cérebro e aumento da pressão no crânio. O inchaço e a pressão danificam as células e os tecidos do cérebro.

1.5 APRENDIZAGEM AUTOMÁTICA:

A aprendizagem automática é um domínio crescente de algoritmos informáticos que têm como objetivo imitar a inteligência humana, aprendendo com o que a rodeia. O estudo de algoritmos que podem aprender e melhorar a partir de dados anteriores sem serem explicitamente programados é conhecido como aprendizagem automática. Existem vários subtipos de aprendizagem automática, mas neste debate centrar-nos-emos na aprendizagem supervisionada, na aprendizagem não supervisionada e na aprendizagem profunda. A aprendizagem supervisionada desenvolve um modelo que mapeia uma entrada para uma saída e prevê o resultado com base em observações. Divide-se em dois géneros: classificação e regressão. O termo "classificação" refere-se à utilização de preditores para categorizar variáveis-alvo discretas. Alguns algoritmos de classificação incluem a Regressão Logística (LR), classificadores naïve bayes e Máquinas de Vectores de Suporte (SVM). A ligação entre uma variável-alvo numérica e os seus preditores é investigada utilizando a regressão. Em 84 conjuntos de dados, o documento efectuou uma investigação experimental detalhada de 77 abordagens de regressão de 19 famílias de ML. A aprendizagem não supervisionada é utilizada para organizar as observações de modo a que os grupos possam ser formados com base na sua semelhança. As técnicas de aprendizagem não supervisionada incluem o agrupamento, a análise de associação e a redução da dimensionalidade. A aprendizagem profunda (DL) é uma técnica informática que utiliza camadas de multiprocessamento para aprender um conjunto de dados de forma incremental a partir de dados brutos. As Redes Neuronais Convolucionais (CNN) e as Redes Neuronais Recorrentes (RNN) são duas arquitecturas de AP que são normalmente utilizadas para enfrentar desafios de processamento de imagem. Os automóveis autónomos, o processamento de linguagem natural, a deteção de fraudes, os cuidados de saúde e outras aplicações de DL contam-se entre as mais populares. Por último, empregando vários algoritmos de ML, o ML tem uma enorme aplicação numa variedade de sectores, como a medicina, as redes sociais, a agricultura, as vendas e o marketing, a investigação ambiental, etc.

1.6 SISTEMA PROPOSTO:

O estado de saúde de uma pessoa será monitorizado diariamente por um dispositivo vestível. O batimento cardíaco, a pressão, a temperatura, todos os dados são enviados para a nuvem e a aprendizagem automática é efectuada com os dados carregados
. O principal papel da aprendizagem automática consiste em classificar os dados do sensor de hardware como normais ou não. O conjunto de dados que contém as características médicas é comparado com os dados reais do hardware através da aprendizagem automática, o que permite obter um estado exato que reduz a complexidade do tempo e pode salvar muitas vidas Utilizamos este algoritmo para prever o AVC, tomando diferentes variáveis independentes e tomando o ritmo do pulso de tempos a tempos, uma vez que este varia de tempos a tempos. Utilizamos a regressão múltipla para prever o ataque de AVC e utilizamos a IOT para comunicar com a pessoa e utilizamos dispositivos IOT e a plataforma de nuvem para lembrar a pessoa do seu estado de saúde de um AVC.

1.7 QUESTÕES ACTUAIS:

O AVC é a doença que mais ameaça a vida em todo o mundo. É a principal causa de perturbações cognitivas em todo o mundo. Para diminuir o problema do AVC na população, é necessário, em primeiro lugar, identificar os factores de risco modificáveis e demonstrar a eficácia dos esforços de redução dos riscos. Assim, a prevenção do AVC nos domínios da neurologia, da cardiologia, da medicina vascular e da medicina geriátrica continua a ser um dos objectivos essenciais. Em 2016, estima-se que tenham ocorrido 41 milhões de mortes devido a doenças não transmissíveis. A parte significativa da percentagem deveu-se às doenças cardiovasculares, que representaram 17,9 milhões de mortes, o equivalente a 44% de todas as mortes por doenças não transmissíveis. Por outro lado, de acordo com a Autoridade Estatística das Filipinas (PSA), o AVC foi a principal causa de morte, com 74 134 mortes ou 12,7% do total nas Filipinas. No entanto, o número crescente de incidentes de AVC pode ser resolvido através da inovação e da tecnologia. A utilização da aprendizagem automática na descoberta de conhecimentos para a previsão de doenças tem sido um dos tópicos interessantes e relevantes abordados pelos investigadores. Assim, devido à importância da previsão de doenças para as pessoas, foram efectuados vários estudos sobre procedimentos de modelização para a previsão.

CAPÍTULO 2

PESQUISA BIBLIOGRÁFICA

Nesse documento, propomos uma estrutura End-to-End baseada em costuras, devido ao facto de as

limite de pessoa, portanto, tem um Agente Centrado no Paciente (PCA) como sua peça central. O PCA gere um aspeto Blockchain para manter a privacidade, agora que as estatísticas que saem dos sensores da região física desejam ser guardadas de forma segura. A estrutura baseada no PCA consiste num protocolo de comunicação leve em conformidade com a proteção da implementação de estatísticas através de segmentos específicos relativos a uma arquitetura de controlo de pacientes contínua e da era real. A arquitetura inclui a colocação de informações de uma cadeia de blocos privada, de acordo com a repartição de informações facilitada entre os especialistas de cuidados de saúde e, em seguida, a integração nas informações de saúde electrónicas, garantindo simultaneamente a manutenção da privacidade. As consequências da simulação demonstram que a proteção ou privacidade se mantêm maiores no Monitoramento Remoto do Paciente ao longo da arquitetura End after End baseada principalmente no PCA.

Um novo transdutor sem fios que faz uso de conhecimentos tecnológicos de base analógica a 2,4 GHz é apresentado nesta carta. O transdutor consiste num ânus de descoberta de eletrocardiografia (ECG) e, em seguida, um novo transmissor de modulação de prevalência de três estágios para essa quantidade converte o sinal de ECG de acordo com uma frequência de serviço de 2,4 GHz. Para limitar os resultados devidos de acordo com a fuga do oscilador local, nomeadamente o tratamento na frequência fotográfica, a frequência intermédia é cordialmente selecionada, mas é concebido um filtro passa-banda com uma seletividade totalmente intensa. Como verificado usando os resultados piloto, os alertas de ECG de onda completa podem manter-se efetivamente demodulados ao lado do sinal transmitido pelo uso do transdutor. Isto permite a possibilidade de utilizar conhecimentos tecnológicos de base analógica para o governo de pessoas afectadas distantes em tempo real.

Na literatura, foram propostos muitos gadgets e opções, porque o limite de ECG distante foi proposto. Estas soluções têm normalmente um custo marginal elevado devido ao sensor adicional, mas já não estão perfeitamente integradas em soluções domésticas inteligentes. Aqui nós defendemos um ditado de energia remota de ECG até a expetativa é comprometido de acordo com clientes não técnicos entre a necessidade de governo de saúde de longo prazo entre ambientes residenciais e é integrado entre uma infraestrutura mais ampla da Internet das Coisas (IoT). O nosso protótipo consiste numa resposta vertical cumprida ao longo de uma série de vantagens com honra de acordo com a régua sobre a arte, pensando em ambos os protótipos juntamente com a extremidade da curva integrada e protótipos bem-sucedidos com componentes prontos a usar.

Esta secção apresenta uma breve panorâmica dos subtipos de ML. O ML é um departamento necessário da Inteligência Artificial (IA). O ML é a educação relativa aos algoritmos, pelo que tem o potencial de examinar e melhorar para além das estatísticas passadas, para além de ser aparentemente programado. Existem inúmeros tipos tributários de ML, por outro lado, nesta revisão, focamos a aprendizagem supervisionada, a aprendizagem não supervisionada e o estudo profundo são tipos direcionados para o estudo atual. A aprendizagem supervisionada treina um manequim que mapeia uma entrada de acordo com uma saída baseada totalmente em observações e prevê a saída.

É classificada em classificação e regressão. A classificação consiste em alinhar uma variável de objetivo separada utilizando preditores. A Regressão Logística (LR), o classificador de Bayes, as Máquinas de Vectores de Suporte (SVM) são técnicas de classificação intermédias. A regressão investiga a relação entre a alternativa de objetivo numérico e os preditores.

A lição i n s t i t u i u   u m a   análise piloto maciça em setenta e sete estratégias de regressão, para além de 19 famílias de ML sobre 84 conjuntos de dados. A aprendizagem não supervisionada é antiga, imitando a tripulação das observações para a construção de clusters baseados na sua semelhança.

2.1 REVISÃO

Karthik.R et al (2020) pretende realçar a importância dos modelos de aprendizagem profunda na deteção e segmentação de acidentes vasculares cerebrais. As características das imagens de entrada devem ser corretamente recuperadas a fim de conceber uma abordagem adequada para a identificação de lesões de AVC. Com base nas modalidades de imagem subjacentes, este estudo tem como objetivo identificar e distinguir as múltiplas estruturas profundas utilizadas para a identificação e segmentação de lesões de AVC. Sugere que podem ser desenvolvidas várias estruturas profundas para melhorar os resultados na deteção de lesões de AVC. Esta avaliação inclui também informações sobre as tendências e os avanços futuros na deteção do AVC. A última secção deste documento examina os problemas técnicos e não técnicos com que os investigadores se confrontam, bem como as implicações futuras da deteção do AVC. Poderá ajudar os investigadores biomédicos a encontrar melhores estratégias para a deteção de lesões de AVC.

Salucci, Marco, etal.(2017) explica que a arquitetura Learning-by-Examples (LBE) é utilizada para abordar a identificação em tempo real de acidentes vasculares cerebrais. Começando com leituras de dispersão de micro-ondas, uma máquina de vetor de suporte (SVM) é utilizada para criar uma função de decisão robusta capaz de inferir se um acidente vascular cerebral está presente ou não no crânio do paciente em tempo real. As medições experimentais para as fases de treino e teste da SVM são utilizadas para validar a técnica sugerida num ambiente controlado de laboratório. Os resultados mostram que, mesmo com uma pequena quantidade de dados de treino, é possível atingir um elevado nível de precisão de deteção.

Nilanjan Dev e Rajinikanth.V(2022) realizaram uma investigação sobre as taxas de acidentes vasculares cerebrais em seres humanos, que têm vindo a aumentar progressivamente nos últimos anos devido a uma série de razões. A lesão isquémica do acidente vascular cerebral (LSI) é uma forma de acidente vascular cerebral que se desenvolve quando os tecidos do cérebro não recebem oxigénio suficiente, sendo fundamental obter um diagnóstico preciso para que o paciente possa ser tratado adequadamente. Usando uma estrutura de aprendizagem profunda (DL), este estudo tenta detetar ISL em fatias de MRI do cérebro multimodalidade. Para construir uma técnica fiável de reconhecimento da LSI, este estudo utilizou um sistema combinado de segmentação e classificação baseado numa rede neural convolucional (CNN). A segmentação assistida por VGG-UNet, a extração de características de aprendizagem automática (ML), a extração de características profundas, a classificação e concatenação de características (DL + ML) e a classificação assistida por classificador binário são alguns dos procedimentos utilizados neste sistema.

Sirsat, Manisha Sanjay et al(2020) pretende categorizar as actuais abordagens de aprendizagem de máquinas mais avançadas
para acidentes vasculares cerebrais em quatro grupos com base na sua funcionalidade ou semelhança e, em seguida, examinam os artigos de cada categoria. A aprendizagem automática (AM) fornece um resultado de previsão preciso e rápido, tendo-se tornado uma ferramenta importante em contextos de saúde, permitindo que os doentes com AVC recebam uma terapia terapêutica personalizada. Os resultados da base de dados científica em linha ScienceDirect indicaram um total de 39 estudos sobre a aprendizagem automática para o

AVC cerebral de 2007 a 2019. Em dez investigações sobre dificuldades de AVC, a máquina de vectores de apoio (SVM) demonstrou ser o melhor modelo. Finalmente, em cada categoria, SVM e Random Forests são estratégias eficazes.

HarshalR.Patil [32] (2018) investigou a disciplina da biomedicina que já não está isolada no mundo atual da automatização. A engenharia e a tecnologia revelaram-se importantes no domínio da investigação biomédica. Permitiram que os médicos não só se tornassem mais eficientes, mas também melhorassem o processo médico global. Os médicos não podem estar constantemente a observar os doentes em hospitais de múltiplas especialidades, que têm um grande número de enfermarias e um grande número de doentes em cada uma delas. Os médicos criam intervalos de tempo para o efeito e cada enfermaria é visitada após um determinado período de tempo. No entanto, os doentes podem ter problemas nos intervalos entre estes períodos de tempo. Isto causa incómodo aos doentes e a administração do hospital pode sentir-se impotente perante a situação. Esta questão é abordada pelo sistema de monitorização de doentes para médicos. Este sistema fornece aos médicos as seguintes informações numa base regular. 1. O batimento cardíaco do doente 2. A temperatura corporal do doente.

Bentley ,Paul et al.(2014) tinham estabelecido como objetivo verificar se a aprendizagem automática de imagens de TC pode identificar quais os doentes que recebem tPA que irão desenvolver SICH em vez de apresentarem melhorias clínicas mas sem hemorragia. Os dados clínicos e as tomografias cerebrais de 116 indivíduos que sofreram um AVC isquémico agudo e receberam trombólise intravenosa foram obtidos retrospetivamente (incluindo 16 que desenvolveram SICH). Em conclusão, os algoritmos de aprendizagem automática aplicados a imagens de TAC de AVC agudo podem ajudar a prever a SICH após a trombólise com maior precisão e automatização. Coortes maiores, bem como a utilização de imagens sofisticadas, devem ser avaliadas utilizando estas metodologias.

Yin, Junxiong, et al.(2020) tinham como objetivo analisar um método de aprendizagem automática para a deteção de SCA em doentes com AVC de alto risco com base em variáveis de risco. A frequência de doenças cerebrovasculares graves está associada à estenose carotídea assintomática (SCA). A deteção precoce de pessoas com SCA e dos seus factores de risco associados pode ajudar na prevenção do AVC a longo prazo. Este estudo mostrou que um sistema de aprendizagem automática pode ser utilizado para identificar variáveis de risco de SCA em doentes com AVC de alto risco. O principal fator de risco para SCA pode ser uma história familiar de dislipidemia. Este modelo pode ser uma ferramenta útil para otimizar a abordagem terapêutica para a prevenção primária do AVC. O agrupamento, a avaliação da afiliação e a redução da dimensionalidade são tipos de aprendizagem não supervisionada. O estudo profundo (DL) desenvolve um manequim computacional com camadas de processamento múltiplo, de acordo com a investigação de registos passo a passo a partir da entrada bruta. Algumas arquitecturas de DL são as redes neuronais convolucionais (CNN) e a comunidade neuronal recorrente (RNN), mas que são sobretudo antigas em conformidade com a resolução de problemas de tratamento de imagem [6]. Algumas das principais capacidades do DL são os automóveis autónomos, o processamento de linguagem natural, a deteção de fraudes, os cuidados de saúde, etc. Eventualmente, o ML tem uma enorme implementação em vários domínios, como a medicina, as redes comunitárias, a agricultura, o rendimento e o marketing, as ciências do ambiente, etc., através da utilização de vários algoritmos de ML.

CAPÍTULO 3
COMPONENTES E SUA ESPECIFICAÇÃO

S.NO.	COMPONENTES	QUANTIDADE
1.	Transformador	1
2.	Retificador de ponte	1
3.	Conversor Buck	1
4.	Arduino (ATMEGA 328)	1
5	ESP8266	1
6.	Placa WIFI	1
7.	MAX30100	1
8.	LM35	1
9.	Sensor flexível	1
10.	LCD	1
11.	Fios de ligação	Por muito que precisemos
12.	Resistência	2
13	Cabo USB	1

3.1 DESCRIÇÃO DO HARDWARE

3.1.1 TRANSFORMADOR:

Fig:3.1 TRANSFORMADOR

Um transformador abaixador da gama 0-12 é um transformador de rede de montagem em quadro para uso geral. O transformador tem um enrolamento primário de 230V e um enrolamento secundário com derivação não centrada. O transformador tem cabos de ligação isolados a cores (aprox. 100 mm de comprimento). O transformador actua como transformador abaixador, reduzindo AC - 230V para AC - 12V.

O Transformador dá saídas de 12V e 0V. A construção do transformador está escrita abaixo com detalhes do núcleo sólido e do enrolamento.

O transformador é um dispositivo elétrico estático que transfere energia por acoplamento indutivo entre os seus circuitos de enrolamento. Uma corrente variável no enrolamento primário cria um fluxo magnético variável no núcleo do transformador e, por conseguinte, um fluxo magnético variável através do enrolamento secundário. Este fluxo magnético variável induz uma força eletromotriz variável (E.M.F) ou tensão no enrolamento secundário. O transformador tem núcleos feitos de aço silício de alta permeabilidade. O aço tem uma permeabilidade muitas vezes superior à do espaço livre e o núcleo serve, assim, para reduzir grandemente a corrente de magnetização e confinar o fluxo a um trajeto que liga estreitamente os enrolamentos.

A. Especificações do transformador redutor de 0-12 1 Ampere:-.

*   Tensão de entrada: 230V AC

- Tensão de saída: 12V ou 0V

- Corrente de saída: 1 Amp

- Montagem:Tipo de montagem vertical

B.   Características do transformador redutor de 0-12 1 Ampere:-.

- Núcleo de ferro macio.

- 1 Amp Drenagem de corrente.

3.1.2. RECTIFICADOR DE PONTE:

Fig:3.2 RECTIFICADOR DE PONTE

Um retificador em ponte é um conversor de corrente alternada (CA) para corrente contínua (CC) que rectifica a entrada CA da rede para a saída CC. Os rectificadores de ponte são amplamente utilizados em fontes de alimentação que fornecem a tensão CC necessária para os componentes ou dispositivos electrónicos. Podem ser construídos com quatro ou mais díodos ou quaisquer outros interruptores de estado sólido controlados. Dependendo dos requisitos de corrente de carga, é selecionado um retificador de ponte adequado. As classificações e especificações dos componentes, a tensão de rutura, as gamas de temperatura, a classificação da corrente transitória, a classificação da corrente de avanço, os requisitos de montagem e outras considerações são tidos em conta ao selecionar uma fonte de alimentação rectificadora para a aplicação de um circuito eletrónico adequado.

A. Especificações:

- Corrente de sobretensão máxima:2A

- Tensão inversa:1000V

- Tensão de avanço VF máx: 1,1V

- Temperatura de funcionamento Máximo: 125°C
- Temperatura de funcionamento mínima: -55 °C

C.   Características do retificador de ponte:

As características do retificador em ponte são as seguintes

- Fator de ondulação
- Tensão inversa de pico (PIV)
- Eficiência

3.1.3 CONVERSOR DE BUCK:

Fig:3.3 CONVERSOR DE BUCK

Um conversor buck (conversor abaixador) é um conversor de corrente contínua para corrente contínua que reduz a tensão (enquanto consome menos corrente média) da sua entrada (alimentação) para a sua saída (carga). Um conversor buck reduz a tensão, produzindo uma tensão inferior à tensão de entrada. Um conversor buck pode ser utilizado para carregar uma bateria de iões de lítio a 4,2 V, a partir de uma fonte USB de 5 V.

A. Especificação da fonte de alimentação do conversor Buck LM2596S DC-DC:

- Tensão de entrada: 3-40V
- Tensão de saída: 1,5-35V (ajustável)
- Corrente de saída: A corrente nominal é 2A, máximo 3A
- Frequência de comutação: 150KHz
- Temperatura de funcionamento: Classe industrial (-40 a +85)
- Eficiência de conversão: 92% (mais elevada)

3.1.4 ARDUINO:

Fig:3.4 ARDUINO

O núcleo Atmel AVR® combina um rico conjunto de instruções com 32 registos de trabalho de uso geral. Todos os 32 registos estão diretamente ligados à Unidade de Lógica Aritmética (ALU), permitindo o acesso a dois registos independentes numa única instrução executada num ciclo de relógio. A arquitetura resultante é mais eficiente em termos de código, ao mesmo tempo que atinge taxas de transferência até dez vezes mais rápidas do que os microcontroladores CISC convencionais. O ATmega328/P oferece as seguintes características: 32Kbytes de Flash programável no sistema com capacidades de leitura e escrita, 1Kbytes de EEPROM, 2Kbytes de SRAM, 23 linhas de E/S de uso geral, 32 registos de trabalho de uso geral, contador de tempo real (RTC), três temporizadores/contadores flexíveis com modos de comparação e PWM, 1 USART de série programável, 1 interface de série de 2 fios orientada para bytes (I2C), um ADC de 6 canais e 10 bits (8 canais em embalagens TQFP e QFN/MLF), um temporizador Watchdog programável com oscilador interno, uma porta de série SPI e seis modos de poupança de energia seleccionáveis por software.

Isto permite um arranque muito rápido combinado com um baixo consumo de energia. No modo de espera alargada, tanto o oscilador principal como o temporizador assíncrono continuam a funcionar. A Atmel oferece a biblioteca QTouch® para incorporar botões tácteis capacitivos, barras deslizantes e funcionalidade de rodas nos microcontroladores AVR. A aquisição de sinal de transferência de carga patenteada oferece uma deteção robusta e inclui um relatório totalmente debitado de teclas tácteis e inclui a tecnologia Adjacent Key Suppression® (AKS™) para uma deteção inequívoca de eventos de teclas. O conjunto de ferramentas Q Touch Suite, fácil de utilizar, permite-lhe explorar, desenvolver e depurar as suas próprias aplicações tácteis. O dispositivo é fabricado utilizando a tecnologia de memória não volátil de alta densidade da Atmel. O ISP Flash integrado permite que a memória de programa seja reprogramada no sistema através de uma interface série SPI, por um programador de memória não volátil convencional ou por um programa de arranque integrado executado no núcleo do AVR.

A. Diagrama de pinos do ATMEGA328:

O ATmega328/P é suportado por um conjunto completo de ferramentas de desenvolvimento de programas e sistemas, incluindo: Compiladores C, montadores de macros e depuradores/simuladores de programas, emuladores de circuito interno e kits de avaliação.

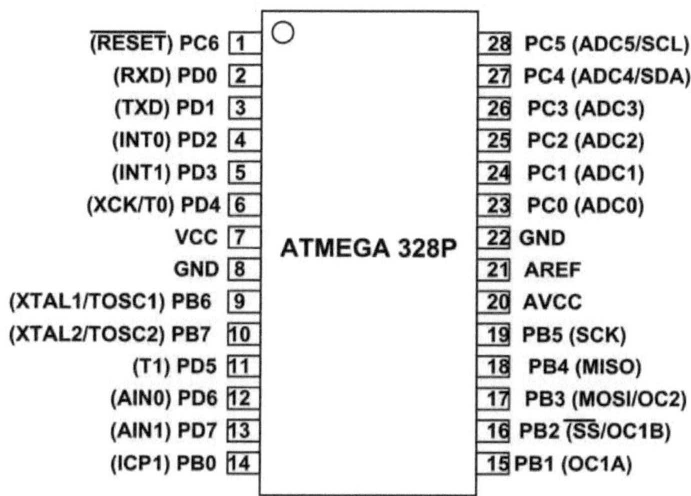

Abaixo a figura 3.2.1 diagrama de pinos do ATMEGA328.

Fig:3.5 DIAGRAMA DE PINOS ATMEGA 328P

B.CARACTERÍSTICAS DO ATMEGA328:

- Microcontrolador AVR de 28 pinos
- Memória de programa flash: 32 kilo bytes
- Memória de dados EEPROM: 1 kilo bytes
- Memória de dados SRAM: 2 kilo bytes
- Pinos de E/S: 23
- Temporizadores: Dois de 8 bits / Um de 16 bits
- Conversor A/D: 10 bits de seis canais
- PWM: Seis canais
- RTC: Sim com oscilador separado

- MSSP: Suporte a mestre e escravo SPI e I²C
- USART: Sim
- Oscilador externo: até 20MHz

C.VANTAGENS/MELHORIAS NO ATMEGA328:

- Continua a funcionar com 5 V, pelo que as interfaces dos equipamentos antigos de 5 V são mais limpas

- Embora tenha capacidade para 5 V, as peças mais recentes podem funcionar até 1,8 V. Esta gama alargada é muito rara.

- Bom conjunto de instruções, muito bom rendimento de instruções em comparação com outros processadores (HCS08, PIC12/16/18).

- Porta GCC de alta qualidade (sem compiladores proprietários de baixa qualidade!)

- As variantes "PA" têm boas capacidades de modo de suspensão, em micro-amperes.

- Conjunto de periféricos bem arredondado

- Q Capacidade tátil

3.1.5 ESP8266:

Fig:3.6 ESP8266

Neste projeto, vamos utilizar o módulo ESP-01 da Ai-Thinker. É composto por 8 pinos e a imagem seguinte mostra os diferentes componentes da placa.

O módulo WiFi ESP8266 é um SOC autónomo com uma pilha de protocolos TCP/IP integrada que pode dar a qualquer microcontrolador acesso à sua rede WiFi. O ESP8266 é capaz de alojar uma aplicação ou de descarregar todas as funções de rede Wi-Fi de outro processador de aplicações. Cada módulo ESP8266 vem pré-programado com um firmware de conjunto de comandos AT, o que significa que pode simplesmente ligá-lo ao seu dispositivo

Arduino e obter tanta capacidade WiFi como um WiFi Shield oferece (e isto apenas fora da caixa)! O módulo ESP8266 é uma placa extremamente económica com uma comunidade enorme e em constante crescimento.

A.   ESPECIFICAÇÕES TÉCNICAS:

•   Processador: Núcleo do microprocessador RISC L106 de 32 bits baseado no TensilicaXtensa Diamond Standard 106Micro a funcionar a 80 MHz[5]

•   Memória:

a.   32 KiB de RAM de instruções

b.   32 KiB de cache de instruções RAM

c.   80 KiB de RAM de dados do utilizador

d.   16 KiB de RAM de dados do sistema ETS

•   Flash QSPI externo: é suportado até 16 MiB (512 KiB a 4 MiB normalmente incluídos)

•   IEEE 802.11 b/g/n Wi-Fi:

a.   Interruptor TR integrado, balun, LNA, amplificador de potência e rede de correspondência

b.   Autenticação WEP ou WPA/WPA2, ou redes abertas

•   16 pinos GPIO

•   SPI

• I^2C (implementação de software)[6]

•   Interfaces I^2S com DMA (partilha de pinos com GPIO)

•   UART em pinos dedicados, além de uma UART só de transmissão que pode ser activada no GPIO2

•   ADC de 10 bits (ADC de aproximação sucessiva)

B. DESCRIÇÃO DOS PINOS DO MÓDULO ESP8266 ESP-01:

No que respeita à configuração dos pinos, como já foi referido, o módulo ESP-01 é composto por 8 pinos, nomeadamente VCC, GND, TX, RX, RST, CH_PD, GPIO0 e GPIO2. A imagem seguinte mostra o diagrama de pinos do módulo ESP-01.

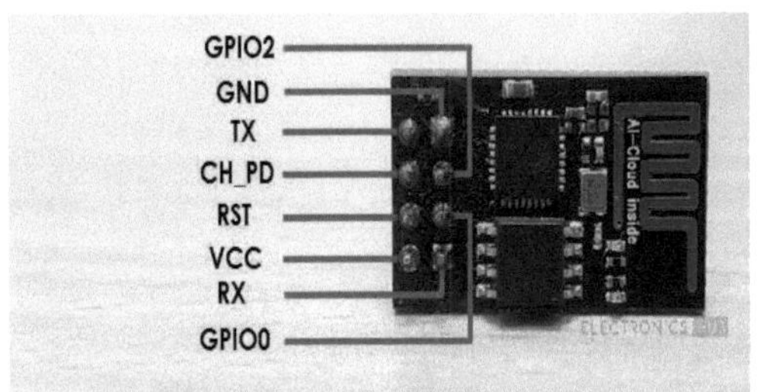

Fig:3.7 DIAGRAMA DE PINOS DO ESP8266

- **VCC**: É o pino de alimentação através do qual são fornecidos 3,3 V.
- **GND**: É o pino de terra.
- **TX**: Este pino é utilizado para transmitir dados de série para outros dispositivos.
- **RX**: O pino RX é utilizado para receber dados de série de outros dispositivos.
- **RST**: É o pino de reinicialização e é um pino LOW ativo. (O ESP8266 será reiniciado se o pino RST receber um sinal LOW).
- **CH_PD**: Este é o pino de ativação do chip e é um pino HIGH ativo. Normalmente está ligado a 3,3V.
- **GPIO0**: O pino GPIO0 (General Purpose I/O) tem duas funções - uma para o funcionamento normal do GPIO e outra para ativar o modo de programação do ESP8266.
- **GPIO2**: Este é o pino GPIO.

NOTA IMPORTANTE: O ESP8266 não é compatível com 5V e o Módulo ESP-01 não tem nenhum regulador de tensão integrado. Certifique-se de que a fonte de alimentação do ESP8266 é de 3,3V, de preferência a partir de uma fonte de alimentação dedicada em vez de a retirar do pino de 3,3V do Arduino.

3.1.6 PLACA WIFI:

Fig:3.8 Placa WIFI

O módulo WiFi ESP8266 é um SOC autónomo com pilha de protocolos TCP/IP integrada que pode dar a qualquer microcontrolador acesso à sua rede WiFi. O ESP8266 é capaz de alojar uma aplicação ou de descarregar todas as funções de rede WiFi de outro processador de aplicações. Para passar o circuito de 3,3v para 5v para o ESP8266.

A.APLICAÇÃO DA PLACA WIFI

- Porta de série (RS232/RS485) para WiFi, TTL para WiFi;

- Monitorização WiFi, TCP/IP e coprocessador WIFI;

- Aeronaves, carros e outros brinquedos com controlo remoto WiFi;

- Rádio de rede WiFi, câmara, moldura fotográfica digital;

- Dispositivos médicos, aquisição de dados e dispositivos portáteis;

- Balança de gordura WiFi, terminal de cartão inteligente;Casa inteligente;

- Instrumento, monitorização dos parâmetros do equipamento, máquina POS sem fios.

3.1.7 MAX30100:

Fig:3.9 SENSOR MAX30100

O MAX30100 é uma solução integrada de sensor de oximetria de pulso e monitor de ritmo cardíaco. Combina dois LEDs, um fotodetector, ótica optimizada e processamento de sinal analógico de baixo ruído para detetar sinais de oximetria de pulso e ritmo cardíaco. O MAX30100 funciona com fontes de alimentação de 1,8V e 3,3V e pode ser desligado através de software com uma corrente de espera insignificante, permitindo que a fonte de alimentação permaneça sempre ligada.

A.CARACTERÍSTICAS DO MAX30100:

- Solução completa de oxímetro de pulso e sensor de frequência cardíaca simplifica o design
- LEDs integrados, sensor fotográfico e
- Front-end analógico de alto desempenho
- Minúsculo 5.6mm x 2.8mm x 1.2mm 14-Pin Opticamente
- Sistema em pacote melhorado
- Funcionamento ultra-baixo aumenta a vida útil da bateria para dispositivos portáteis
- Taxa de amostragem programável e corrente de LED para
- Poupança de energia
- Corrente de desligamento ultrabaixa (0,7µA, typ)
- A funcionalidade avançada melhora o desempenho da medição
- A SNR elevada proporciona uma resistência robusta aos artefactos de movimento
- Cancelamento de luz ambiente integrado
- Capacidade de alta taxa de amostragem
- Capacidade de saída rápida de dados

B.ESPECIFICAÇÕES TÉCNICAS:

- Tensão de funcionamento: 1,8v - 5,5v

- Tipo de interface: Interface de série I2C

- Dimensões do módulo: 18,8 mm (C) x 14,4 mm (L) x 3,0 mm (A)

- Peso do módulo: 1,2 g (Cabeçalho + módulo)

3.1.8 **LM35:**

Fig:3.10 SENSOR LM35

A série LM35 é constituída por sensores de temperatura de precisão de circuito integrado, cuja tensão de saída é linearmente proporcional à temperatura Celsius (centígrada). O LM35 tem assim uma vantagem sobre os sensores de temperatura lineares calibrados em ° Kelvin, uma vez que o utilizador não é obrigado a subtrair uma grande tensão constante da sua saída para obter uma escala centígrada conveniente. O LM35 não necessita de qualquer calibração ou corte externo para fornecer precisões típicas de $\pm 1/4°C$ à temperatura ambiente e $\pm 3/4°C$ numa gama completa de temperaturas de -55 a +150°C. O baixo custo é assegurado pelo corte e calibração ao nível da bolacha. A baixa impedância de saída do LM35, a saída linear e a calibração inerente precisa tornam a interface com circuitos de leitura ou de controlo especialmente fácil. Pode ser utilizado com fontes de alimentação simples, ou com fontes mais e menos. Como consome apenas 60 µA da sua alimentação, tem um auto-aquecimento muito baixo, inferior a 0,1°C em ar parado. O LM35 está classificado para funcionar num intervalo de temperatura de -55° a +150°C, enquanto o LM35C está classificado para um intervalo de -40° a +110°C (-10° com precisão melhorada). A série LM35 está disponível em pacotes herméticos de transístores TO-46, enquanto os LM35C, LM35CA e LM35D também estão disponíveis no pacote de transístores TO-92 de plástico.

O LM35D também está disponível em um encapsulamento de pequeno contorno para montagem em superfície de 8 vias e em um encapsulamento de

embalagem plástica TO-220.

A.CARACTERÍSTICAS DO LM35:

* Calibrado diretamente em ° Celsius (centígrados)
* Linear + fator de escala de 10,0 mV/°C
* Garantia de precisão de 0,5°C (a +25°C)
* Classificado para uma gama completa de -55° a +150°C
* Adequado para aplicações remotas
* Baixo custo devido ao corte ao nível da bolacha
* Funciona de 4 a 30 volts
* Dreno de corrente inferior a 60 µA
* Baixo auto-aquecimento, 0,08°C em ar parado
* Não linearidade apenas ±1/4°C típica
* Saída de baixa impedância, 0,1 Ω para carga de 1 mA

3.1.9 SENSOR FLEX:

3.11 SENSOR FLEX

Um sensor de flexão ou sensor de curvatura é um sensor que mede a quantidade de deflexão ou curvatura. Normalmente, o sensor é colado à superfície e a resistência do elemento sensor varia ao dobrar a superfície. Uma vez que a resistência é diretamente proporcional à quantidade de curvatura, é utilizado como goniómetro e frequentemente designado por potenciómetro flexível. Um sensor flexível ou sensor de curvatura é um sensor que mede a quantidade de deflexão ou curvatura. Normalmente, o sensor está preso à superfície e a resistência do elemento sensor varia ao dobrar a superfície. Este sensor pode ser fixado ao dedo indicador, e a flexão do dedo cria uma alteração na resistência. Um acidente vascular cerebral causa uma dormência ou paralisia súbita, com a ajuda deste sensor podemos descobrir se o paciente pode mover as suas partes do corpo.

3.1.10 LCD:

3.12 LCD

Um ecrã de cristais líquidos (LCD) é um ecrã plano ou outro dispositivo ótico modulado eletronicamente que utiliza as propriedades de modulação da luz dos cristais líquidos combinados com polarizadores. Os cristais líquidos não emitem luz diretamente, em vez de utilizarem uma luz de fundo ou um refletor para produzir imagens a cores ou monocromáticas.

Os LCD estão disponíveis para apresentar imagens arbitrárias (como num ecrã de computador de uso geral) ou imagens fixas com baixo conteúdo de informação, que podem ser apresentadas ou ocultadas.

Por exemplo: palavras pré-definidas, dígitos e ecrãs de sete segmentos, como num relógio digital, são todos bons exemplos de dispositivos com estes ecrãs. Utilizam a mesma tecnologia básica, exceto que as imagens arbitrárias são feitas a partir de uma matriz de pequenos pixels, enquanto outros ecrãs têm elementos maiores. Os LCDs podem estar normalmente ligados (positivos) ou desligados (negativos), dependendo da disposição do polarizador.

3.1.11 CABOS DO JUMPER:

Fig:3.13 FIOs de JUMPER

Os fios de ligação são utilizados para ligar dois pontos num circuito. A All Electronics tem em stock fios de ligação em ponte numa variedade de comprimentos e sortidos. Frequentemente utilizado com placas de ensaio e outras ferramentas de prototipagem para facilitar a alteração de um circuito, conforme necessário. A resistência é da ordem de 1-10 Ohm. No entanto, depende em grande medida das dimensões do condutor. Cabos de ligação em ponte 10 vezes mais compridos têm também 10 vezes mais resistência.

3.1.12   RESISTÊNCIA:

Fig:3.14 RESISTOR

Uma resistência é um componente elétrico passivo de dois terminais que implementa a resistência eléctrica como um elemento de circuito. Nos circuitos electrónicos, as resistências são utilizadas para reduzir o fluxo de corrente, ajustar os níveis de sinal, dividir tensões, polarizar elementos activos e terminar linhas de transmissão, entre outras utilizações. Uma resistência funciona restringindo o fluxo de corrente, o que pode ser feito de três formas: em primeiro lugar, utilizando um material menos condutor, em segundo lugar, tornando o material condutor mais fino e, finalmente, tornando o material condutor mais comprido. Para obter a taxa de BPM e o valor Spo2 correctos do sensor max30100, utilizamos aqui uma resistência de 4,7 k ohm para puxar a corrente e fornecer o valor ao Arduino.

3.1.13 CABO USB:

Fig:3.15 CABO USB

Utilize-o para ligar o Arduino Uno, Arduino Mega 2560, Arduino 101 ou qualquer placa à porta USB fêmea A do seu computador. O comprimento do cabo é de aproximadamente 178cm. A cor e a forma do cabo podem variar ligeiramente da imagem devido à rotação do nosso stock. Cabo USB tipo A/B Cabo USB 2.0 padrão.

3.2 DESCRIÇÃO DO SOFTWARE:
3.2.1 ARDUINO:

A. AMBIENTE DE DESENVOLVIMENTO DO ARDUINO:

O ambiente de desenvolvimento do Arduino contém um editor de texto para escrever código, uma área de mensagens, uma consola de texto, uma barra de ferramentas com botões para funções comuns e uma série de menus. Liga-se ao hardware Arduino para carregar programas e comunicar com eles.

B. ESCREVER ESBOÇOS:

O software escrito com o Arduino chama-se sketches. Estes esboços são escritos no texto para pesquisa/substituição de texto. A área de mensagens dá feedback ao guardar e exportar e também apresenta erros. A consola apresenta o texto produzido pelo ambiente Arduino, incluindo mensagens de erro completas e outras informações. O canto inferior direito da janela apresenta a placa e a porta série actuais. Os botões da barra de ferramentas permitem-lhe verificar e carregar programas, criar, abrir e guardar esboços e abrir o monitor de série.

NB: As versões do IDE anteriores à 1.0 guardavam os esboços com a extensão pde É possível abrir estes ficheiros com a versão 1.0; ser-lhe-á pedido que guarde o esboço com a extensão .ino ao guardar.

O ambiente Arduino utiliza o conceito de um sketchbook: um local padrão para armazenar os seus programas (ou sketches). Os sketches no seu sketchbook podem ser abertos a partir do menu File Sketchbook ou a partir do botão Open na barra de ferramentas. A primeira vez que executar o software Arduino, este criará automaticamente um diretório para o seu sketchbook. Pode ver ou alterar a localização do sketchbook na caixa de diálogo Preferences (Preferências)."A partir da versão 1.0, os ficheiros são guardados com uma extensão de ficheiro .ino. As versões anteriores utilizam a extensão .pde. Pode ainda abrir ficheiros com o nome .pde na versão 1.0 e posteriores, o software renomeará automaticamente a extensão para .ino.Tabs, Multiple Files, and Compilation

Permite-lhe gerir esboços com mais do que um ficheiro (cada um dos quais aparece no seu próprio separador). Estes podem ser ficheiros de código Arduino normais (sem extensão), ficheiros C (extensão .c), ficheiros C++ (.cpp) ou ficheiros de cabeçalho (.h).

C.UPLOADING:

Antes de carregar o seu sketch, é necessário selecionar os itens correctos n o s menus Tools Board e Tools Serial Portmenus. As placas são descritas abaixo. No Mac, a porta série é provavelmente algo como /dev/tty.usbmodem241 (para um Uno ou Mega2560 ou Leonardo) ou /dev/tty.usbserial-1B1 (para uma placa USB Duemilanove ou anterior), ou/dev/tty.USA19QW1b1P1.1 (para uma placa série ligada com um adaptador Keyspan USB-para-série). No Windows, é provavelmente COM1 ou COM2 (para uma placa série) ou COM4, COM5, COM7, ou superior (para uma placa USB) - para descobrir, procure o dispositivo série USB na secção de portas do Gestor de Dispositivos do Windows. No Linux, deve ser /dev/ttyUSB0,/dev/ttyUSB1 ou semelhante.

Depois de ter selecionado a porta série e a placa correctas, prima o botão de carregamento na barra de ferramentas ou seleccione o item Carregar no menu Ficheiro. As placas Arduino actuais serão reiniciadas automaticamente e iniciarão o carregamento. Com as placas mais antigas (pré-Diecimila) que não têm reinicialização automática, terá de premir o botão de reinicialização na placa imediatamente antes de iniciar o carregamento. Na maioria das placas, verá os LEDs RX e TX a piscar à medida que o sketch é carregado. O ambiente Arduino apresentará uma mensagem quando o carregamento estiver concluído ou mostrará um erro.

Quando carrega um sketch, está a utilizar o carregador de arranque do Arduino, um pequeno programa que foi carregado no microcontrolador da sua placa. Permite-lhe carregar código sem utilizar qualquer hardware adicional. O carregador de arranque está ativo durante alguns segundos quando a placa é reiniciada; depois inicia o esboço que foi carregado mais recentemente para o microcontrolador. O carregador de arranque piscará o LED da placa (pino 13) quando arrancar (ou seja, quando a placa for reiniciada).

D.BIBLIOTECAS:

As bibliotecas fornecem funcionalidade extra para utilização em sketches, p o r exemplo, trabalhar com hardware ou manipular dados. Para utilizar uma biblioteca num sketch, seleccione-a no menu Sketch Import Library. Isto irá inserir uma ou mais declarações no topo do sketch e compilar a biblioteca com o seu sketch. Como as bibliotecas são carregadas na placa com o seu sketch, elas aumentam a quantidade de espaço que ele ocupa. Se um sketch já não precisar de uma biblioteca, basta eliminá-la do topo do seu código. Existe uma lista de bibliotecas na referência. Algumas bibliotecas estão incluídas no software Arduino. Outras podem ser descarregadas a partir de uma variedade de fontes. A partir da versão 1.0.5 do IDE, é possível importar uma biblioteca de um arquivo zip e usá-la em um esboço aberto. Consulte estas instruções para instalar uma biblioteca de terceiros.

E. PROGRAMAÇÃO:

O Arduino Uno pode ser programado com o software Arduino (descarregar). Seleccione "Arduino Uno" no menu Tools Board (de acordo com o microcontrolador da sua placa). Para mais pormenores, ver a referência e os tutoriais.

O ATmega328 no Arduino Uno vem pré-carregado com um bootloader que lhe permite carregar novo código sem a utilização de um programador de hardware externo. Comunica utilizando o protocolo STK500 original (referência, ficheiros de cabeçalho C).

Também é possível ignorar o carregador de arranque e programar o microcontrolador através do cabeçalho ICSP (In- Circuit Serial Programming); consulte estas instruções para mais pormenores.

O código-fonte do firmware do ATmega16U2 (ou 8U2 nas placas rev1 e rev2) está disponível **O ATmega16U2/8U2 está carregado com um carregador de arranque DFU, que pode ser ativado por**

• Nas placas Rev1: ligar o jumper de solda na parte de trás da placa (perto do mapa de Itália) e depois reiniciar a 8U2.

• Nas placas Rev2 ou posteriores: há um resistor que puxa a linha HWB do 8U2/16U2 para o terra, facilitando a colocação em modo DFU.

Pode então utilizar o software FLIP da Atmel (Windows) ou o programador DFU (Mac OS X e Linux) para carregar um novo firmware. Ou pode usar o cabeçalho ISP com um programador externo (substituindo o bootloader DFU). Veja este tutorial contribuído pelo utilizador para mais informações.

Reposição automática (software):

Em vez de exigir uma pressão física no botão de reset antes de um upload, o Arduino Uno foi concebido de forma a permitir que seja reiniciado por software executado num computador ligado. Uma das linhas de controlo de fluxo do hardware (DTR) doATmega8U2/16U2 está ligada à linha de reset do ATmega328 através de um condensador de 100 nanofarad. Quando esta linha é activada (tomada em baixo), a linha de reset desce o tempo suficiente para reiniciar o chip. O software Arduino utiliza esta capacidade para lhe permitir carregar código premindo simplesmente o botão de carregamento n o ambiente Arduino. Isto significa que o carregador de arranque pode ter um tempo limite mais curto, uma vez que a descida da DTR pode ser bem coordenada com o início do carregamento.

Esta configuração tem outras implicações. Quando o Uno está ligado a um computador com Mac OS X ou Linux, ele reinicia sempre que é feita uma ligação a partir de software (via USB). Durante o meio segundo seguinte, mais ou menos, o bootloader está a correr no Uno. Embora esteja programado para ignorar dados malformados (isto é, qualquer coisa para além de um upload de novo código), irá intercetar os primeiros bytes de dados enviados para a placa depois de uma ligação ser aberta. Se um sketch em execução na placa recebe configuração única ou outros dados quando é iniciado pela primeira vez, certifique-se de que o software com o qual ele se comunica espera um segundo depois de abrir a conexão e antes de enviar esses dados.

O Uno contém um traço que pode ser cortado para desativar a reinicialização automática. Os pads de cada lado do traço podem ser soldados entre si para o reativar. Está identificado como "RESET-EN". Também pode ser possível desativar a reinicialização automática ligando uma resistência de 110 ohm de 5V à linha de reinicialização; consulte este tópico do fórum para obter detalhes.

3.2.2.ALGORITMO CNN

Na aprendizagem profunda, uma rede neural convolucional (CNN/ConvNet) é uma classe de redes neurais profundas, mais comummente aplicada para analisar imagens visuais. Quando pensamos numa rede neural, pensamos em multiplicações de matrizes, mas não é esse o caso da ConvNet. Ela utiliza uma técnica especial chamada convolução. Em matemática, a convolução é uma operação matemática em duas funções que produz uma terceira função que expressa como a forma de uma é modificada pela outra.

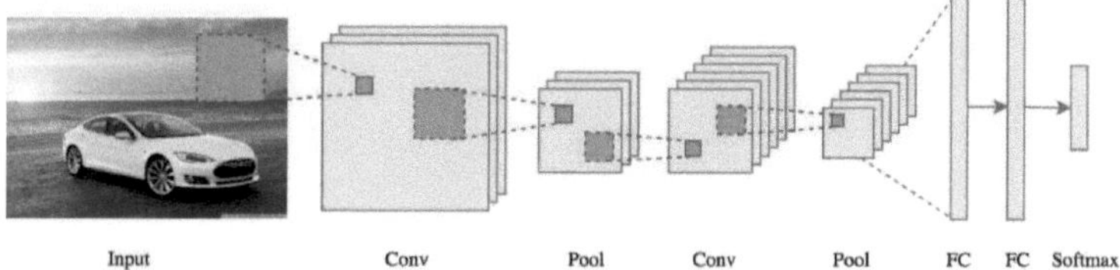

Fig:3.16 EXEMPLO DE CNN

Mas não precisamos de ir atrás da parte matemática para perceber o que é uma CNN ou como funciona. O que interessa é que o papel da ConvNet é reduzir as imagens para uma forma que seja mais fácil de processar, sem perder características que são críticas para obter uma boa previsão.

A.Como é que funciona?

Antes de passarmos ao funcionamento das CNN, vamos abordar os aspectos básicos, como o que é uma imagem e como é representada. Uma imagem RGB não é mais do que uma matriz de valores de pixéis com três planos, ao passo que uma imagem em escala de cinzentos é a mesma, mas tem um único plano. Dê uma vista de olhos a esta imagem para compreender

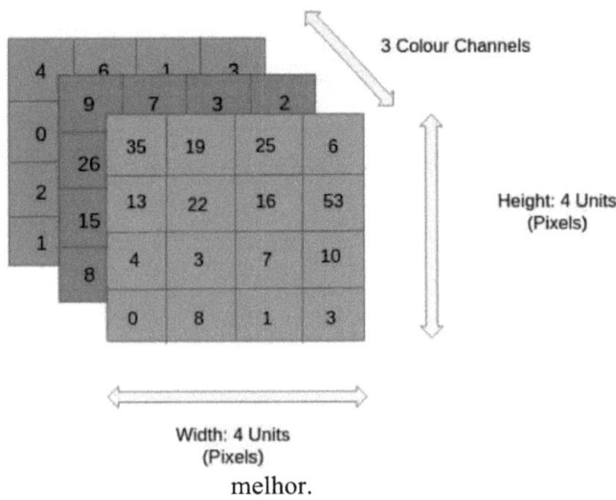

melhor.

Fig:3.17 MATRIZ DE PIXELS

Para simplificar, vamos limitar-nos a imagens em tons de cinzento para tentarmos perceber como funcionam as CNNs.

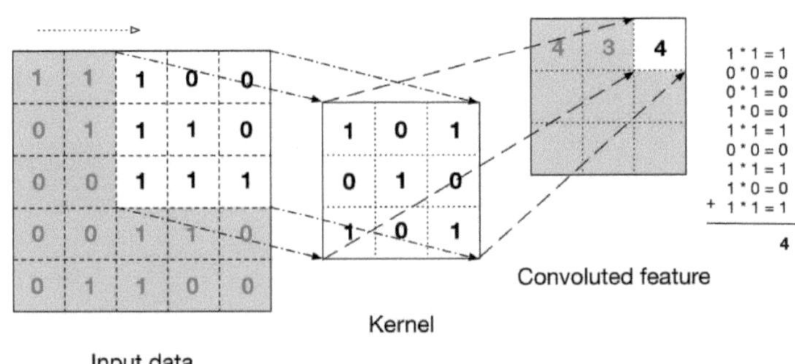

Fig: 3.18 MÉTODO DE KERNEL

A imagem acima mostra o que é uma convolução. Pegamos num filtro/kernel (matriz 3×3) e aplicamo-lo à imagem de entrada para obter a caraterística convoluta. Esta caraterística convoluta é passada para a camada seguinte.

As redes neuronais convolucionais são compostas por várias camadas de neurónios artificiais. Os neurónios artificiais, uma imitação aproximada dos seus homólogos biológicos, são funções matemáticas que calculam a soma ponderada de várias entradas e produzem um valor de ativação. Quando uma imagem é introduzida numa ConvNet, cada camada gera várias funções de ativação que são transmitidas à camada seguinte.

A primeira camada extrai normalmente características básicas, como arestas horizontais ou diagonais. Este resultado é passado para a camada seguinte, que detecta características mais complexas, como cantos ou arestas combinadas. À medida que nos aprofundamos na rede, esta pode identificar características ainda mais complexas, como objectos, rostos, etc.

Com base no mapa de ativação da camada de convolução final, a camada de classificação produz um conjunto de pontuações de confiança (valores entre 0 e 1) que especificam a probabilidade de a imagem pertencer a uma "classe". Por exemplo, se tiver uma ConvNet que detecta gatos, cães e cavalos, a saída da camada de convolução final

é a possibilidade de a imagem de entrada conter qualquer um desses animais.

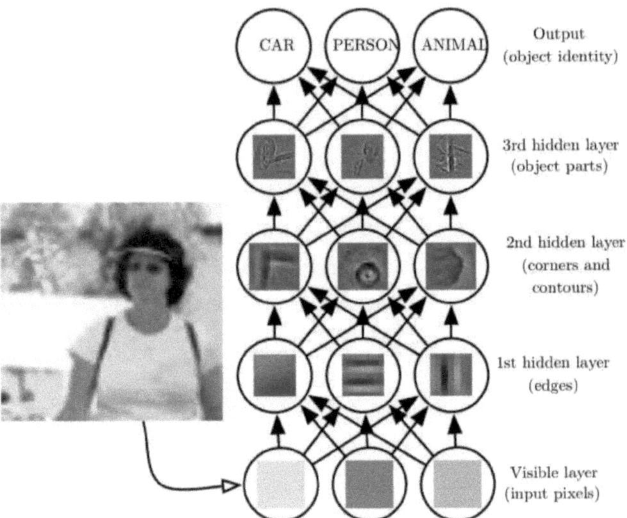

Fig:3.19 CLASSIFICAÇÃO DAS CAMADAS

B.OBJECTIVO DO ALGORITMO CNN

As CNN são utilizadas para a classificação e reconhecimento de imagens devido à sua elevada precisão. Foi proposta pelo cientista informático Yann LeCun no final dos anos 90, quando se inspirou na perceção visual humana para reconhecer coisas.

O algoritmo CNN é utilizado para prever o AVC, tendo em conta diferentes variáveis independentes e os batimentos de pulso ao longo do tempo. A regressão múltipla é aplicada para prever ataques de AVC. IoT (hardware) e plataforma de nuvem para lembrar a pessoa do seu estado de saúde.

CAPÍTULO 4

ARQUITECTURA DE CONCEPÇÃO E SEUS RESULTADOS

4.1 DIAGRAMA DE BLOCO:

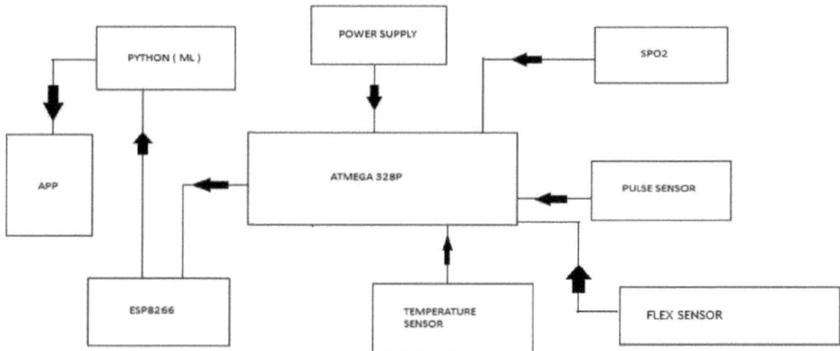

Fig:4.1 DIAGRAMA DE BLOCO

4.2 TRABALHO:

Como passo inicial, a temperatura, a frequência cardíaca e a SPO2 do doente são medidas a partir dos respectivos sensores. As leituras serão apresentadas no ecrã LED. Utilizando o controlador ATMEGA328P, estas leituras serão carregadas para a nuvem com a ajuda do módulo WiFi ESP8266. Para realizar a aprendizagem automática, o algoritmo CNN é utilizado para treinar a máquina a detetar a anomalia do doente. Em primeiro lugar, faz com que a máquina aprenda rapidamente, convertendo o conjunto de dados alimentado, tanto os valores normais como os anormais, em código de bytes, fazendo com que a máquina identifique logicamente os conjuntos de dados. Em seguida, compara os dados do controlador com o conjunto de dados para fornecer um estado exato. Estes dois dados carregados são comparados utilizando o ML que, por sua vez, fornece o estado exato. Se os dados do doente forem anormais, isso indica que o doente tem os sintomas de um AVC.

INTERFACE ENTRE O MÓDULO WIFI ESP8266 E O ARDUINO:

O firmware predefinido do módulo WiFi ESP8266 suporta comandos AT. O firmware original será apagado após a ligação do módulo WiFi ESP8266 ao Arduino e a instalação da nossa nova aplicação. O IDE Arduino pode ser utilizado para programar o módulo WiFi ESP8266. Para programar o ESP8266. Uma vez que o Módulo ESP8266 ESP-01 apenas suporta comunicação de série, são necessários adaptadores USB para série, como um FTDI,

CH340 ou FT232RL. Para ligar ao módulo ESP8266, serão utilizados os pinos TX e RX do Arduino. Por fim, o pino GPIO2 é ligado a um LED para verificar a funcionalidade do programa. Depois de ligar o ESP8266 e de o colocar em modo de programação, ligue o Arduino ao sistema (o GPIO0 está ligado ao GND). Prima o botão RST e inicie o IDE do Arduino depois de o módulo ESP8266 estar ligado. Altere agora o pino do LED para 2 no Sketch do Blink. O número 2 refere-se ao pino GPIO2 do módulo ESP8266. Antes de premir o botão de carregamento, verifique se o GPIO0 está ligado ao GND e, em seguida, clique no botão RST. Quando clicar no botão de carregamento, o código será compilado e carregado. O progresso é visível na parte inferior do IDE. O LED ligado ao GPIO2 ficará intermitente.

Finalmente, o pino GPIO2 é ligado a um LED para testar o funcionamento do programa. Todas as ligações necessárias para ativar o modo de programação no ESP8266 são mencionadas abaixo.

1. VCC - - > 3,3V
2. GND - - > GND
3. CH_PD - - > 3,3V
4.   RST - - > Normalmente aberto; GND para reinicialização
5.   GPIO0 - - > GND
6.   TX -- > TX do Arduino
7.   RX -- > RX do Arduino (através do conversor de nível)

SAÍDA:

É o passo final, e utilizando o Google Colab para obter os resultados necessários. Os dados de BPM, spo2 e temperatura são todos transferidos para a nuvem, onde a aprendizagem automática é aplicada aos dados. A principal função da aprendizagem automática é classificar se os dados dos sensores de hardware são normais ou não. Precisamos de preparar dados reais de hardware que consistem no ritmo cardíaco, SPO2 e temperatura do doente. As características médicas do conjunto de dados são combinadas com os dados reais do hardware utilizando a aprendizagem automática, o que resulta num estado exato que reduz a complexidade do tempo e talvez salve muitas vidas. Utilizamos esta técnica para prever acidentes vasculares cerebrais, analisando uma variedade de factores independentes e acompanhando o ritmo do pulso ao longo do tempo, à medida que este flutua.

4.3 REQUISITOS DE SOFTWARE:

A.Aurdino code:

```
#include <LiquidCrystal_I2C.h> //#include < Wire .h> we are removing this because it is
already added in liquid crystal library
#include "MAX30100_PulseOximeter.h"#include <SoftwareSerial.h>
SoftwareSerialesp(2,3);
int x=0;
int flex,temp=0;float a,b,c;
#define DEBUG true
#define IP "api.thingspeak.com"// thingspeak.com ip
String Api_key = "GET /update?key=QIXHGRZ00NB0BGZU"; //change it with your api
keylike "GET /update?key=Your Api Key"
int error;
// Create the lcd object address 0x27 and 16 columns x 2 rows
LiquidCrystal_I2C lcd (0x27, 16,2); //we can find the address through I2C address scanner
#define REPORTING_PERIOD_MS      3000
PulseOximeter pox;

uint32_t tsLastReport = 0;void onBeatDetected()
{
Serial.println("Beat!");
}
void setup(){
esp.begin(115200);
send_command("AT+RST\r\n", 2000, DEBUG); //reset module
send_command("AT+CWMODE=1\r\n", 1000, DEBUG); //set station mode
send_command("AT+CWJAP=\"Project\",\"12345678\"\r\n", 2000, DEBUG); //connect wifi
network
while(!esp.find("OK")) { //wait for connectionSerial.println("Connected");}
Serial.begin(115200);
pinMode(A1,INPUT); Serial.print("Initializing pulse oximeter..");lcd.begin ();
lcd. backlight (); lcd.print("Initializing...");delay(3000);
lcd.clear();
// Initialize the PulseOximeter instance
// Failures are generally due to an improper wiring, missing power supplyif (!pox.begin()) {
Serial.println("FAILED");for(;;);
} else { Serial.println("SUCCESS");
}
pox.setIRLedCurrent(MAX30100_LED_CURR_4_4MA);

// Register a callback for the beat detection
pox.setOnBeatDetectedCallback(onBeatDetected); }

void loop()
{
// Make sure to call update as fast as possiblepox.update();
if (millis() - tsLastReport> REPORTING_PERIOD_MS) {
```

```cpp
// Serial.print("Heart rate:");
//Serial.print(pox.getHeartRate());
//Serial.print("bpm / SpO2:");
//Serial.print(pox.getSpO2());
//Serial.println("%");
int reading = analogRead(A0);flex = analogRead(A1);

Serial.print(flex);if(flex>temp)
{
temp=flex;
}
else{
flex=temp;
}

// Convert the reading into voltage:
float voltage = reading * (5000 / 1024.0);
// Convert the voltage into the temperature in degree Celsius:float temperature = voltage /
10;
Serial.println(temperature);
// temperature =500-temperature;
// Print the temperature in the Serial Monitor:
//Serial.print(temperature);
//Serial.print(" \xC2\xB0"); // shows degree symbol
//Serial.println("C");lcd.clear(); lcd.setCursor(0,0); lcd.print("BPM:");
a=pox.getHeartRate();lcd.print(a);
lcd.print(" T-");
c=temperature;lcd.print(c); lcd.setCursor(0,1); lcd.print("O2:");
b=pox.getSpO2();lcd.print(b); lcd.print("%");
lcd.print(" ");
lcd.print("F:");

lcd.print(flex); tsLastReport = millis();
}

if((a>60)&&(b>80))
{
start: //label

error=0; updatedata(); if (error==1){
goto start; //go to label "start"
}
while(1);
}
}
void updatedata(){
String command = "AT+CIPSTART=\"TCP\",\"";command += IP;
command += "\",80"; Serial.println(command);esp.println(command); delay(2000);
if(esp.find("Error")){
return;
}
```

```cpp
command = Api_key ; command += "&field2=";command += a; command += "&field3=";
command += b; command += "&field4=";command += c; command += "&field5=";
command += flex; command += "\r\n";
Serial.print("AT+CIPSEND="); esp.print("AT+CIPSEND=");
Serial.println(command.length()); esp.println(command.length()); if(esp.find(">")){
Serial.print(command);

esp.print(command);
}
else{

Serial.println("AT+CIPCLOSE"); esp.println("AT+CIPCLOSE");
//Serial.print(command);

//esp.print(command);
//Resend...error=1;
}
}

String send_command(String command, const int timeout, boolean debug) {String response
= "";
esp.print(command); long int time = millis();
while ( (time + timeout) >millis())
{
while (esp.available())
{
char c = esp.read();response += c;
}
}
if (debug)
{
Serial.print(response);
}
return response;
}
```

B.COLLAB CODE:

```python
import numpy as np
from sklearn import metrics
from sklearn import preprocessingimport pandas as pd
from sklearn.model_selection import train_test_splitimport matplotlib.pyplot as plt
import seaborn as sns

import pickle
data = pd.read_csv('/content/data_sk.csv')data.head()
data.shape
X = data.iloc[:,:-1]X.head()
y = data.iloc[:,-1]y.head()

data['target'].value_counts()
X_train,X_test,y_train,y_test = train_test_split(X,y,test_size=0.2,random_state=1)
```

```python
sns.countplot(x='target',data=data)
plt.show() X_train.shape X_train.head()y_test.shape y_test.head()
import tensorflow as tf
from tensorflow.keras.models import Sequential
from tensorflow.keras.layers import Dense, Dropout, Activation, Flatten,
Conv2D,Input,Reshape,BatchNormalization, MaxPool1D,Conv1D import pickle
from keras.models import model_from_jsonfrom keras.models import load_model import
matplotlib.pyplot as plt
import numpy as np import tensorflow as tfimport numpy as np
from sklearn.model_selection import train_test_splitfrom tensorflow import keras
scaler = preprocessing.StandardScaler().fit(X_train)X_train = scaler.transform(X_train)
X_test =scaler.transform(X_test)
X_train = X_train.reshape(X_train.shape[0],X_train.shape[1],1) X_test =
X_test.reshape(X_test.shape[0],X_test.shape[1],1) #%% one-hot-encoding
y_train = keras.utils.to_categorical(y_train,2)y_test =keras.utils.to_categorical(y_test,2)
inputs = keras.layers.Input(shape=(X_train.shape[1],1)) RS0           =
keras.layers.Reshape((X_train.shape[1], ))(inputs)
FC0  = keras.layers.Dense(512, bias_initializer=keras.initializers.VarianceScaling())(RS0)
BN0             = keras.layers.BatchNormalization(axis=-1)(FC0)

AC0 = keras.layers.Activation('relu')(BN0)DP0        = keras.layers.Dropout(0.2)(AC0)
FC1  = keras.layers.Dense(128, bias_initializer=keras.initializers.VarianceScaling())(DP0)
BN1             = keras.layers.BatchNormalization(axis=-1)(FC1)
AC1 = keras.layers.Activation('relu')(BN1)DP1        = keras.layers.Dropout(0.2)(AC1)
FC2 = keras.layers.Dense(2, bias_initializer=keras.initializers.VarianceScaling())(DP1)
outputs = keras.layers.Activation('softmax')(FC2)

myMLP = keras.Model(inputs=inputs,outputs=outputs)
myMLP.compile(optimizer=keras.optimizers.Adam(lr=0.01),
loss='categorical_crossentropy', metrics=['accuracy'])
myMLP.summary() np.where(y_train==0)[0].shape np.where(y_train==1)[0].shape
class_weight = {0: 1, 1: 40}
myMLP.fit(X_train,y_train,epochs=30,batch_size=1200,verbose=1,
class_weight=class_weight)
filename = 'Patient_model.sav' pickle.dump(myMLP, open(filename, 'wb')) loss_and_metrics
= myMLP.evaluate(X_test,y_test)i=(10-float(loss_and_metrics[1]))*10 print("Accuracy : ",i)
import sklearn.metrics as metrics
y_pred_ohe = myMLP.predict(X_test) # shape=(n_samples, 12)
y_pred_labels = np.argmax(y_pred_ohe, axis=1) # only necessary if output has one-hot-
encoding, shape=(n_samples)
#y_train=y_train[0:768]
```

C.COLLAB CODE 2:

```python
import  pickle import urllib.requestimport json
from time import sleep
conn =
urllib.request.urlopen("https://api.thingspeak.com/channels/580377/feeds.json?results=1")
response = conn.read()
print ("http status code=%s" % (conn.getcode()))data=json.loads(response)
x=int(data['feeds'][0]['entry_id'])
```

```python
y=x

conn.close()while x==y:
conn =
urllib.request.urlopen("https://api.thingspeak.com/channels/580377/feeds.json?results=1")
response = conn.read()
#print ("http status code=%s" % (conn.getcode()))data=json.loads(response)
y=int(data['feeds'][0]['entry_id'])

conn.close()
conn =
urllib.request.urlopen("https://api.thingspeak.com/channels/580377/feeds.json?results=1")
response = conn.read()
print ("http status code=%s" % (conn.getcode()))data=json.loads(response)
a=float(data['feeds'][0]['field2'])
b=float(data['feeds'][0]['field3'])
c=float(data['feeds'][0]['field4'])
d=float(data['feeds'][0]['field5']) conn.close()
filename = 'Patient_model.sav'
loaded_model = pickle.load(open(filename, 'rb'))person_reports = [[a,b,c,d]]
disease_predicted = loaded_model.predict(person_reports)prediction =
list(disease_predicted[0]) print(prediction.index(max(prediction)))

print("ANALYSING..................")
sleep(15)
if int(prediction.index(max(prediction)))==0:
print("The person donot have any symptoms of Stroke")
conn =
urllib.request.urlopen("https://api.thingspeak.com/update?api_key=QIXHGRZ00NB0BGZU
&field1=HEALTHY")
elif int(prediction.index(max(prediction)))==1:
print("The person have symptoms of Stroke")
conn =
urllib.request.urlopen("https://api.thingspeak.com/update?api_key=QIXHGRZ00NB0BGZU
&field1=GO_TO_HOSPITAL").
```

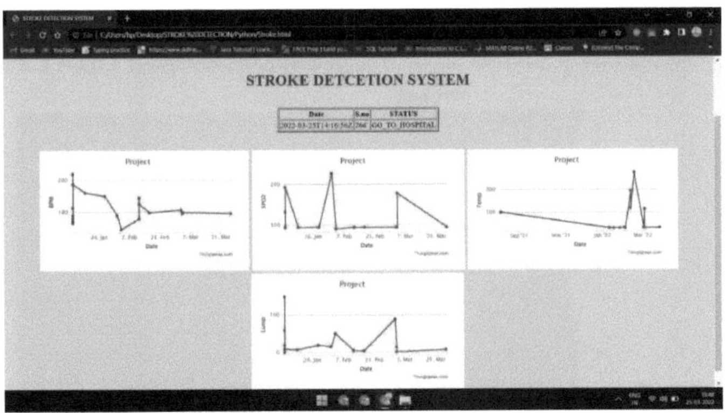

Fig:4.7 ESTADO DO PACIENTE

CAPÍTULO 5
CONCLUSÃO

S.NO	COMPONENTES	QUANTIDADE	CUSTO (EM RS.)
1	Transformador	1	99
2	Retificador de ponte	1	25
3	Conversor Buck	1	100
4	Arduino (ATMEGA 328)	1	700
5	ESP8266	1	360
6	Placa WIFI	1	200
7	MAX30100	1	180
8	LM35	1	50
9	Sensor flexível	1	450
10	LCD	1	250
11	Fios de ligação	Por muito que precisemos	58 (aprox.)
12	Resistência	2	35
13	Cabo USB	2	80

5.1 CONCLUSÃO:

Neste projeto, são aplicadas técnicas de aprendizagem automática para desenvolver um sistema de previsão de AVC baseado na nuvem para a monitorização de doentes. Aqui entram os méritos do estudo, o custo de produção é baixo, e o sistema de fácil utilização, a velocidade e a precisão são elevados em comparação com outros estudos. O estudo atual, tal como a maioria dos outros, tem várias limitações, por exemplo, para atingir a precisão, o dispositivo tem de estar com os doentes 24 horas por dia, 7 dias por semana. Embora existam vários produtos de Sistema de Monitorização de Doentes no mercado, apenas alguns deles utilizam tecnologia de rede ativa e uma interface móvel para alertar, sendo este estudo um deles. Todos os anos, 15 milhões de pessoas em todo o mundo sofrem um AVC. Destas, 5 milhões morrerão e as restantes 5 milhões ficarão incapacitadas para toda a vida. Mais de 12,7 milhões de acidentes vasculares cerebrais ocorrem todos os anos devido à tensão arterial elevada. Se este projeto for implementado no futuro, este tipo de perigo pode ser evitado. Prevemos que, em breve, a monitorização contínua possa ser feita com sensores baratos e que todos os dados registados dos doentes possam ser transmitidos rapidamente.

CAPÍTULO 6
REFERÊNCIAS:

[1]   V Mozaffarian, D. B. (2015). Atualização de estatísticas de doenças cardíacas e derrames em 2015: um relatório da American Heart Association. Associação Americana do Coração, Circulação 131, e29-322.

[2]   Amelia K. Boehme, C. E. (2017). Factores de risco de AVC, genética e prevenção. Circulation Research Journal da Associação Americana do Coração.

[3]   M. EdipGurol, J. S. (2018). Adbances na prevenção do AVC em 2018. Journal of Stroke, 143-144.

[4]   OMS. (2018). Estatísticas Mundiais de Saúde 2018: Monitorização da saúde para os ODS, sustentável

objectivos de desenvolvimento. Genebra Organização Mundial de Saúde.

[5]   PSA. (2018, 12 de fevereiro). Mortes nas Filipinas 2016. Recuperado de Philippine Statistics Authority: https://psa.gov.ph/content/deathsphilippines-2016

[6]   MehrbakhshNilashi, H. A. (setembro de 2017). Descoberta de conhecimentos e previsão de doenças: Um estudo comparativo de técnicas de aprendizagem de máquinas. Journal of Soft Computing and Decision Support Systems, 4(No,5), 8-16.

[7]   Nilashi, M. b. (2017). Um método analítico para previsão de doenças usando técnicas de aprendizado de máquina. Computadores e Engenharia Química. 106, 212-223.

[8]   Nilashi, M. E. (2016). Um sistema de recomendação de filtragem colaborativa multicritério usando técnicas de agrupamento e regressão. Journal of Soft Computing and Decision Support Systems, 5, 24-30.

[9]   Hazi Mohammad Azamathulla, A. H. (2017). Aplicação de métodos de mineração de dados na previsão de diabetes. 2017 2ª Conferência Internacional sobre Imagem, Visão e Computação (IEEE), 106-110.

[10] Jeena RS, D. S. (2016). Previsão de acidente vascular cerebral usando SVM. Conferência Internacional sobre Controlo, Instrumentação, Comunicação e Tecnologias Computacionais (ICCICCT) (IEEE). Subha PP, P. G. (2015). Padrão e fatores de risco de acidente vascular cerebral em jovens entre parients de acidente vascular cerebral admitidos no hospital da faculdade de medicina. Thiruvananthapuram, AnnindianAcad Neurol, 18:20-3

.

[11] Associação Nacional do Acidente Vascular Cerebral. (2019). (American Heart Association Inc.) Obtido em 28 de maio de 2019, de https://www.stroke.org/understand-

stroke/what-is-stroke/

[12] Dr. S. Vijayarani, M. S. (2015). Algoritmos de classificação de mineração de dados para previsão de doenças renais. Revista Internacional de Cibernética e Informática, 4(4), 13-25.

[13] Jean-Emmanuel Bibault, P. G. (2016). Big Data e aprendizagem automática em oncologia de radiação: State of the art and future prospect. Elsevier, 110-117.

[14] CemilColak, E. K. (2015). Aplicação do processo de descoberta de conhecimento na previsão de acidente vascular cerebral. Elsevier, 181-185.

[15] RaoofGholami, N. F. (2017). Máquina de vetor de suporte: Principles, Parameters, And Aplicações. Elsevier, 515-533.

[16] Ng, A. (n.d.). Standford Edu. Recuperado em 30 de maio de 2019, de cs229.stanford.edu/notes/cs229-notes3.pdf

[17] SmitaJhajharia, H. K. (2016). Um modelo de prognóstico de câncer de mama baseado em rede neural com recurso processado por PCA. Conferência Intl. sobre Avanços em Computação, Comunicações e Informática (ICACCI). Jaipur, Índia.

[18] O. Inan, M. S. (s.d.). "Um novo método híbrido de seleção de características baseado em regras de associação e pca para a deteção do cancro da mama. International Journal of Innovative Computing and Information and Control, 09(02), 727-739.

[19] P. Bentley, J. G. (n.d.). Prediction of stroke thrombolysis outcome using CT brain machine learning. Nueroimage, 4, 635-640.

[20] CemilColak, E. K. (2015). Aplicação do processo de descoberta de conhecimento na previsão
de acidente vascular cerebral. Elsevier, 181-185.

[21] Xiang Li, P. H. (2017). Abordagens integradas de aprendizado de máquina para prever acidente vascular cerebral isquêmico e tromboembolismo na fibrilação atrial. Arquivo das Actas Anuais da AMIA, 799-807.

[22] IonnisKavakiotis, O. T. (2017). Aprendizado de máquina e métodos de mineração de dados na pesquisa sobre diabetes. Elsevier Computational and Structural Biotechnology Journal (15), 104-116.

[23] Radhimeennakshi, S. (2016). Classificação e previsão de risco de doença cardíaca usando técnicas de mineração de dados de máquina de vetor de suporte e rede neural artificial. IEEE InternationalConference on Computing for Sustainable Global Development (INDIACom) , 3107-3111.

[24]   O. Dr. S. Vijayarani, M. S. (2015). Algoritmos de Classificação de Mineração de Dados para Previsão de Doença Renal. Revista Internacional de Cibernética e Informática, 4(4), 13-25.

[25]   Joshi, R. (2016, 9 de setembro). Soluções Exsilio. Recuperado em 4 de junho de 2019, de   https://blog.exsilio.com/all/accuracy-precision-recall-f1-   score-interpretation-of-performance- measures/

[26]   Harleen Kaur, V. K. (2018). Predicitvemodeliing and analytics for diabetes using a machine learning approach. Computação Aplicada e Informática.

[27]   J. Li, O. A. (2017). Precisão do índice glicémico: um estudo piloto dos desafios da ligação de dados e a aplicação da aprendizagem automática. IEEE EMBS Int. Conf. em Biomed. & Health Informat (BHI), 357-360.

Printed by Books on Demand GmbH, Norderstedt / Germany